给孩子们说
二十四节气

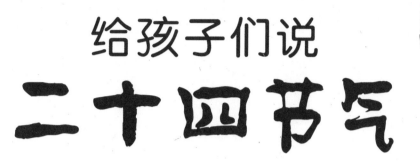

若虹妈妈 著　　林帝浣
若虹爸爸 书　　董晓秋 绘

江苏凤凰电子音像出版社

图书在版编目（CIP）数据

给孩子们说二十四节气 . 冬 / 若虹妈妈著；林帝浣，董晓秋绘；若虹爸爸书 . -- 南京 : 江苏凤凰电子音像出版社，2018.7

ISBN 978-7-83013-095-4

Ⅰ . ①给… Ⅱ . ①若… ②林… ③董… ④若… Ⅲ . ①二十四节气—儿童读物 Ⅳ . ① P462-49

中国版本图书馆 CIP 数据核字（2018）第 123495 号

书　　　名	给孩子们说二十四节气·冬
编　　　著	若虹妈妈
绘　　　图	林帝浣　董晓秋
书　　　法	若虹爸爸
责 任 编 辑	王美芳　蔡宇宸
特 约 编 辑	吕　征
封 面 设 计	王书艳
内 文 设 计	书情文化
音 频 编 辑	邵琳雯　尤紫光
出 版 发 行	江苏凤凰电子音像出版社
出版社地址	南京市湖南路 1 号凤凰广场 B 座，邮编：210009
印　　　刷	北京美图印务有限公司
开　　　本	787mm×1092mm　1/16
印　　　张	4
字　　　数	45.5 千字
版　　　次	2018 年 7 月第 1 版　2018 年 7 月第 1 次印刷
标 准 书 号	ISBN 978-7-83013-095-4
定　　　价	38.00 元

如有印装问题，请与出版社联系调换。
（电话：025-83211804）

目录
Contents

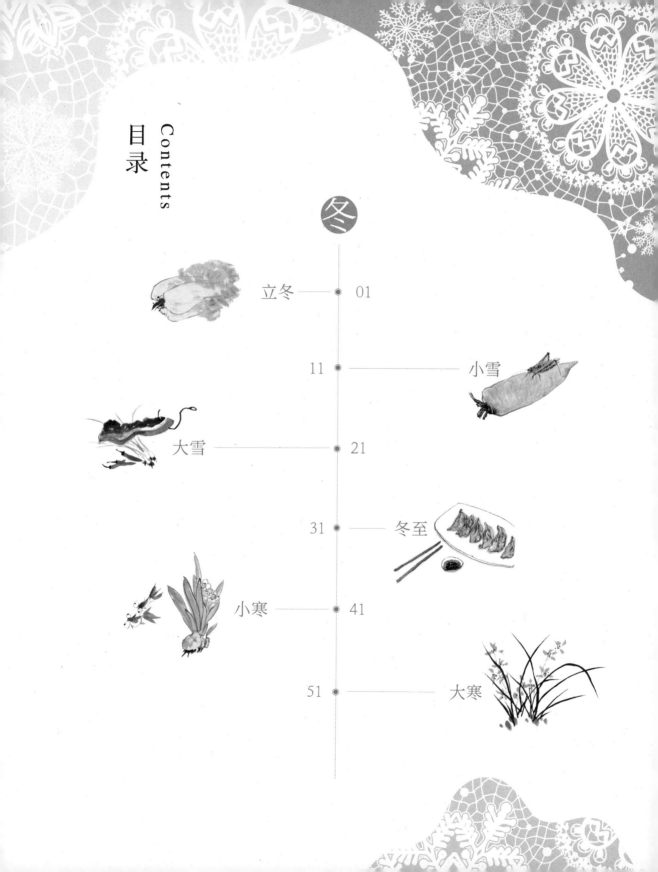

立冬

水始冰

地始冻

雉入大水为蜃

"春天暖，东风多，吹来燕子做新窝。夏天热，南风多，吹得太阳像盆火。秋天凉，西风多，吹熟庄稼吹熟果。冬天冷，北风多，吹得雪花纷纷落。"一年十二个月，分成了春夏秋冬四个季节，从上面的小诗我们可以看出，每个季节都有自己特有的物候和气象特点。从春天出发，走过盛夏和凉秋，当立冬节气到来的时候，一年的最后一个季节——冬季就开始了。

　　一年有二十四个节气，每个季节的第一个节气都是以"立"字命名，分别为立春、立夏、立秋和立冬，合称"四立"。"四立"在古代都是重要的节日，标志着新季节的开始。立冬是冬季的第一个节气，立冬一到，冬天也就开始了。

　　实际上，我国南北温差很大，气候学标准的冬季来得早晚不一，最北部的漠河，九月就入冬了。"孟冬寒气至，北风何惨栗（lì）。"立冬时，北方地区寒气逼人，朔（shuò）风凛冽（lǐn liè），曹操有诗云："孟冬十月，北风徘徊。天气肃清，繁霜霏霏。"南方可就不一样了，白居易有"十月江南天气好，可怜冬景似春华"的诗句，这里的"十月"是农历，"可怜"是可爱的意思。可见，立冬时的江南，气候仍然温暖舒适，甚至还有点小阳春的感觉。小朋友们生活在祖国各地，相同季节会看到不一样的风光，我们在观赏美妙自然的同时，是不是可以彼此分享一下呢？

无论你那里何时真正进入冬天，既然已经立了冬，再温暖的天气也坚持不了多久，几场冷空气一来，就可以明显感觉到气温的下降。冬天是一个收藏的季节，收藏春天的耕耘，收藏夏日的成长，也收藏秋季的收获。它如同一位老者，走过灿烂的春与夏，走过金黄的秋日，开始默默等待生命的下一个轮回。

日本作家清少纳言在《枕草子·四季的美》这篇文章中写道："冬天最美是早晨。落雪的早晨当然美，就是在遍地铺满白霜的早晨，在无雪无霜的凛冽的清晨，也要生起熊熊的炭火。手捧着暖和和的火盆穿过廊下时，那心情儿和这寒冷的冬晨多么和谐啊！"

凛冽的冬日清晨枯寂而清新，而冬天的夜晚也是很美妙的。朱自清先生的《冬天》一文中，有一段与朋友在冬日月夜泛舟西湖的描写，读来令人感动：

那晚月色真好，现在想起来还像照在身上。本来前一晚是"月当头"；或许十一月的月亮真有些特别罢。那时九点多了，湖上似乎只有我们一只划子。有点风，月光照着软软的水波；当间那一溜儿反光，像新研（yà）的银子。湖上的山只剩了淡淡的影子。山下偶尔有一两星灯火。S君口占（zhān）两句诗道："数星灯火认渔村，淡墨轻描远黛（dài）痕。"我们都不大说话，只有均匀的桨声。我渐渐地快睡着了。P君"喂"了一下，才抬起眼皮，看见他在微笑。船夫问要不要上净寺去；是阿弥陀佛生日，那边蛮（mán）热闹的。到了寺里，殿上灯烛辉煌，满是佛婆念佛的声音，好像醒了一场梦。

安静的冬夜里，月光如水，几位好友泛舟湖面，虽没有多少言语，却在清幽宁静中散发着平和与温馨，有好友在轻吟诗句，有微笑着的，这样的场景就像一幅无声的水墨画。生活中让我们感动的，往往是这些不起眼的小事。这些小事，可以让冬天溢出暖意，让心间流淌温情。小朋友们，忙碌的学习之余，我们是不是也应该放慢脚步，用心去发现生活中的细节，去感受身边的美呢？

❧ ❧ ❧

立冬的一候是水始冰。意思是说，天气已经很冷，冷到水可以冻结成冰。水是液态的，当温度降到0℃以下，它就会凝固成冰。人们喜欢冰的晶莹剔透，把它看作纯洁的象征。在《芙蓉楼送辛渐》这首诗里，王昌龄就用"一片冰心在玉壶"的诗句，表明自己高洁的品格。

立冬的二候是地始冻。立冬后第二个五天，土地开始冻结，一直到立春才会"东风解冻"，冰冻的日子要持续整整一个冬天。

立冬一般在十一月初，十一月的江南，还是小阳春的天气，秋色渐浓，红叶刚刚开始纷飞。这里的水始冰、地始冻，应该是指北方。

三候雉（zhì）入大水为蜃（shèn）。"雉"指野鸡一类的大鸟，"蜃"是大的文蛤。立冬后第三个五日，野鸡一类的大鸟就不多见了，海边却可以看到很多大蛤，外壳的线条和颜色都与野鸡相似。所以，古人认为，立冬后，雉变成了大蛤。

你是不是觉得这种说法非常熟悉呢？寒露节气时，我们说到它的第二候是雀入大水为蛤，古人看到海边的蛤蜊，以为是鸟雀变的。现在到了立冬，又以为野鸡也变成了大蛤，真是有意思。

古时科技发展水平有限，也缺少一定的观察仪器，才会有这些充满想象力的认识。二十四节气的七十二候中，古人想当然的事情还真不少，我们不妨来整理一下。惊蛰三候鹰化为鸠，以为鹰变成了布谷鸟；清明二候田鼠化为鴽，以为鹌鹑是由田鼠变来的；大暑一候腐草为萤，以为发光的萤火虫是由腐草变成；还有寒露二候雀入大水为蛤，以及立冬三候雉入大水为蜃。真的挺多呢！

❦ ❦ ❦

立冬之后，野鸡躲藏起来，其他动物的行动也变得缓慢，一些动物甚至开始了冬眠。冬眠也叫冬蛰，是某些动物在冬天的一种奇妙的生存方式。冬天气温低，食物匮（kuì）乏，为了适应恶劣的环境，降低消耗，一些动物就缩在洞中，不吃也不动，慢慢进入一种麻痹（bì）的状态。这个过程中，它们几乎不怎么呼吸，体温下降，新陈代谢缓慢，就像进入了长期睡眠。等到立春二候蛰虫始振时，它们才开始扭动身子。到了惊蛰节气，冬眠的动物才苏醒过来。整整一个冬天不吃东西，一个个都变得瘦瘦的，拥有了苗条的身材。

鸟兽虫鱼，花草树木，都在无声地述说着自然的运行规律。《论语》里说："天何言哉（zāi）？四时行焉，百物生焉。"天虽不言不语，节令却始终在运行，永不停息。世间万物都在悄然顺应着自然的变化，动物如此，植物也不例外。

立冬后，北方的气温明显降低，降水也很少，农林作物们开始在北风中安安静静地蓄养。果树进入了休眠期，果农趁机对它们进行修剪，剪掉干枯的、

荷塘一夜雨
湿烟
乙未冬
帝皖写意

生虫的和不能开花结果的无用枝条，以保证有用枝条的营养，来年才能结出更多、更大的果子。池塘中，荷叶枯败凋零，真个是"落水荷塘满眼枯"。比起夏日里亭亭玉立的翠绿，现在的池塘虽满目萧瑟，却也是大自然的恩赐。林黛玉就很喜欢李商隐"留得枯荷听雨声"的诗句，只是把它改成了"留得残荷听雨声"。我们可以好好欣赏一下这残荷之美，感受不一样的景色，收获不一样的体验。

南方还没有真正进入冬天，正如元代文学家仇远在《立冬即事》中所说："细雨生寒未有霜，庭前木叶半青黄。"细雨虽已生寒，但还没有霜，庭前的树叶也没有落光，一半青一半黄。此时的枫叶才真正变红，如果有机会，一定要去山中欣赏一番哦。

俗话说："立冬补冬，补嘴空。"立冬有"补冬"的习俗。秋收之后，万物开始休养，人们也要好好休息，做点好吃的犒（kào）劳自己。天气变冷了，可以多吃些羊肉、鸡汤之类的温补食物，既御寒保暖，又能补养身体。

每年农历的十月初一是寒衣节，这是和清明节、中元节并称三大鬼节的一个节日。古时立冬之日，天子会率领大臣到郊外举行迎冬的祭礼，并且奖赏为国捐躯的烈士，抚恤（xù）他们的妻儿。因为此时已进入寒冷的冬季，所以天子往往会在立冬前后的十月初一给烈士的家属送寒衣等物品，因而被称为寒衣节。

　　说起送寒衣，小朋友们最熟悉的当属孟姜女哭长城的故事。传说秦始皇不顾百姓的死活，大规模地修建长城，给人们带来沉重的负担，很多百姓在修建过程中伤亡。孟姜女新婚之际，丈夫范喜良就被抓去修长城，一去便杳（yǎo）无音讯。冬天到了，孟姜女牵挂着范喜良，于是缝制了寒衣，不远万里送到长城工地。到了那里，却发现丈夫早已劳累而死。孟姜女悲痛欲绝，放声痛哭，竟然哭倒了三百里长城。

　　下元节一般也在立冬节气里，这是我国民间的一个传统节日，在每年农历的十月十五。相对于正月十五的上元节和农历七月十五的中元节，人们对下元节比较陌生。这个节日最早是用来祭祀祖先的，民间在这一天也有吃"豆泥骨朵"的习俗，"豆泥骨朵"就是豆沙包。随着岁月的流逝，已经很少有人知道并参与这个节日。我们提到这些已被日渐淡忘的传统节日，是希望大家了解我们的民俗，对传统文化保留敬畏。

一个季节的结束，标志着另一个季节的开始。秋季过去了，冬天来临，这是最为枯寂、寒冷的一个季节，显得格外漫长。英国诗人雪莱有一句特别著名的诗："冬天来了，春天还会远吗？"它表达了作者对冬之难耐的自我慰藉。其实，冬天也有它独特的魅力，我们暂且不论春天，先好好"享用"这沉静而厚重的冬季吧！

◁◀◁◀
扫描二维码
听若虹妈妈说二十四节气

小雪

虹藏不见

天气上升地气下降

闭塞而成冬

一个新季节的开始，常常伴随着大自然某种鲜明的变化。我们先看看下面的两首小诗：

我来了

春天，用第一个小嫩芽，说："我来了。"

夏天，用第一个小花蕾，说："我来了。"

秋天，用第一张飘落的叶，说："我来了。"

冬天，用第一朵洁白的雪花，说："我来了。"

　　这首小诗分别用"嫩芽"、"花蕾"、"落叶"和"雪花"表示春夏秋冬的到来，可见，雪花是冬天的信使。

四季

草芽尖尖，他对小鸟说："我是春天。"

荷叶圆圆，他对青蛙说："我是夏天。"

谷穗弯弯，他鞠（jū）着躬（gōng）说："我是秋天。"

雪人大肚子一挺，他顽皮地说："我就是冬天。"

春天，小草冒出嫩嫩的芽尖；夏天，碧绿的荷叶大如圆盘；秋天，谷穗成熟，一个个低下了头；冬天，雪花纷飞，是可以堆雪人的季节。

每个季节都有自己的标志物，冬天和雪密不可分。很多文学作品都是用雪来表现冬天的，雪几乎成了冬天的象征。

❧ ❧ ❧

冬季的六个节气中，有两个和雪有关，分别是小雪和大雪。立冬一过，小雪节气就到了。明代一本介绍植物栽培知识的书《群芳谱》里说："小雪气寒而将雪矣，地寒未甚而雪未大也。"可见小雪有两层意思：一是"雪"这个字提醒人们，此时气温降低，降水不再单单表现为下雨，还会以雪的形式出现，所谓"节到小雪天下雪"，就是这个意思；第二层意思是，"小"字表示天气尚未过于寒冷，即使降雪，也不会太大，只会下一些像米粒一样的雪粒，很快就会融化。

鹅毛大雪固然非常美妙，但小雪也别有一番风味。老舍先生在《济南的冬天》里，描写的就是秀气的小雪。"最妙的是下点小雪呀。看吧，山上的矮松越发的青黑，树尖上顶着一髻（jì）儿白花，好像日本看（kān）护妇。山尖全白了，给蓝天镶（xiāng）上一道银边。山坡上有的地方雪厚点，有的地方草色还露着；这样，一道儿白，一道儿暗黄，给山们穿上一件带水纹的花衣；看着看着，这件花衣好像被风儿吹动，叫你希望看见一点儿更美的山的肌肤。等到快日落的时候，微黄的阳光斜射在山腰上，那点薄雪好像忽然害了羞，微微露出点粉色。"

　　雪是固态的，有不同的形状，以六角形居多。雪也是降水的一种形式，往往出现在冬天的低温时节。但三月桃花盛开时，也可能因为气温低而下雪，这就是俗称的"桃花雪"。还有一种"六月飞雪"的说法。元代剧作家关汉卿的《窦娥冤》中，主人公窦娥受冤被处死，临刑之前，她发下三桩誓愿，其中一

个就是"六月飞雪"。剧中写道，因为窦娥确实冤枉，这桩誓愿果真应验了。农历六月下雪的现象实属罕见，所以，"六月飞雪"一般用来表示很大的冤屈。

小雪节气时，南方还是一派秋景，一般不会下雪，北方倒是有降雪的可能。农谚说："小雪雪满天，来年必丰产。"小雪这一天如果真的下一场雪，一定是个好兆头，来年的收成就有了很大把握。人们通常把冬天的雪称为"瑞雪"，因为雪可以冻死一部分越冬的害虫，融化的雪水渗（shèn）入土壤，能够改善土壤湿度，有助于庄稼生长。白雪就像麦子的棉被，冬天"棉被"盖得越厚，春天麦子就会长得越好，就像俗话说的那样："冬天麦盖三层被，来年枕着馒头睡。"

有人认为白雪有四种美："落地无声，静也；沾衣不染，洁也；高下平铺，匀也；洞窗掩映，明也。"白雪沉静、清洁、均匀、明朗，自古以来受到人们的喜爱和赞美。从"一片一片又一片，两片三片四五片，六片七片八九片，飞入芦花都不见"的打油诗，到"千山鸟飞绝，万径人踪灭"的千古名句，很多有关雪的诗词篇章及佳话典故流传至今。

小朋友们最熟悉的应该是东晋才女谢道韫（yùn）"咏雪"的故事。有一年冬天，谢安和自家的孩子们一起谈论诗文，不久，下起了大雪。谢安就问孩子们："白雪纷纷何所似？"白雪像什么呢？他的一个侄子回答道："撒盐空中差可拟。"他认为空中撒盐差不多可以用来比拟雪花飘飞的样子。谢安的侄女谢道韫说："未若柳絮因风起。"她认为不如将雪花比喻成随风飘飞的柳絮。雪花洁白轻盈，哥哥用盐来比喻，只注重了色彩的相似，忽略了雪花飘动时的形态。谢道韫把它比作柳絮，不仅注意到了洁白的颜色特点，还抓住了轻盈的形态特征，更加巧妙贴切。后来，"未若柳絮因风起"就成了咏雪的名句，谢道韫也因此获得"咏絮之才"的美誉。

谢道韫丈夫的弟弟王子猷（yóu），也有一个和雪有关的著名典故，那就是"雪夜访戴"的故事。王子猷居住在山阴，一天夜里，天降大雪，他推窗四望，一片洁白，于是起身徘徊，一边饮酒一边吟诗。忽然，他想到身在剡（shàn）县的好友戴逵（kuí），当即决定连夜乘船，前往拜访。经过整整一夜，终于来到戴逵门前，王子猷却不进去，转身又返回了山阴。有人问他为何如此，他说："吾本乘兴而行，兴尽而返，何必见戴？"多么潇洒率真的性情啊。

鲁迅先生很少有写景的文章，却也为雪写过一篇散文。他是这样描写北方的雪的："朔方的雪花在纷飞之后，却永远如粉，如沙，他们决不粘连，撒在屋上，地上，枯草上，就是这样。"这段文字是鲁迅作为浙江绍兴人对北方的雪的观察。江南的雪含水量大，往往落地便化了，下到很大时，落地便会粘连在一起，不会"永远如粉，如沙"。小朋友，你生活在哪个地方呢？你可以观察一下你们那里的雪落地后是什么样子的。

孩子们是最盼望下雪的，等到积了一层厚厚的雪，就可以快乐地打雪仗、堆雪人了。你是不是也喜欢堆雪人？会给雪人安个什么鼻子呢？我猜，你堆的雪人一定胖乎乎的，非常可爱。

❧ ❧ ❧

小雪一候虹藏不见。意思是彩虹藏起来，不出现了。还记得一年之中什么

时候我们开始见到彩虹吗？对了，清明三候，虹始见。到了小雪节气，雨量逐渐减少，即使降水，也多以降雪的形式出现，所以，雨后彩虹的美景就见不到了。

二候天气上升，地气下降。这是说天际中的阳气上升，地中的阴气下降，导致天地不通，阴阳不交，万物失去生机。因此，小雪节气到来之时，红消翠减，落叶纷飞，苍茫大地，万物凋零，一派萧瑟（xiāo sè）荒凉的景象。

三候闭塞而成冬。随着小雪节气的到来，大自然真正进入了寒冬，万物几乎停止生长，进入到类似休眠的状态，世界好像静止了一样。

在这样的气候条件下，树木和蔬菜要做好防冻。人们用稻草围扎树木，或者将树木的主干刷上白色的石灰水。你知道为什么要刷石灰水吗？这是因为石灰水可以消灭寄生在树干上的一些害虫或细菌，同时，因为原本深色的树干吸热多，而白色可以反射一部分阳光，这样便可以减小树干白天和晚上的温差，防止树木冻伤。

“小雪不收菜，必定要受害。”天气寒冷，大白菜、萝卜等蔬菜也需要及时贮存起来。在北方人冬天的生活中，萝卜和白菜占据着重要的地位。尤其在物流不太发达的时代，南方的蔬菜很少运送过来，可以长期保存的萝卜和白菜就成了北方家庭冬天的“当家菜”。

　　小雪节气一到，人们就赶紧把萝卜、白菜收回家。在屋前挖个坑，把菜放进去，用土掩埋好，再盖上一些稻草、麦穰（ráng）之类的东西保暖，想吃的时候挖一些出来。很多人家索性挖个地窖（jiào），把各种蔬菜都堆放在里面，足够一家人吃上一整个冬天。这样的地窖对孩子们来说，是充满了吸引力的。大家总盼望着能有机会进地窖取菜，可大人们总是不让。记得有一次，我和几个小伙伴偷偷挪开窖口盖，一个接一个地下去了。地窖里黑乎乎的，很暖和，我们兴奋极了，玩了好一会儿才想起要回家。可是，小孩子个子矮，爬不上来，只好一起扯开嗓子拼命喊叫。大人们听到了，连忙把我们一个个拉了上来。

　　俗话说：“小雪腌菜，大雪腌肉。”小雪节气一到，就要开始腌菜了。先把雪里蕻（hóng）、青菜等晾晒起来，在洗净的瓦缸里撒上薄薄一层盐，再铺放一层晒得干瘪（biě）的青菜，再撒一层盐，再摆一层青菜。就这样一层层地码起来，最后，在上面压一块石头，就可以静候腌菜出缸了。

　　南方地区还有小雪节气吃糍粑（cí bā）的习俗。把浸泡过的糯米煮熟，放进石槽里，用木杵（chǔ）使劲捶打，糯米就成了泥糊状。在手上抹上茶油，把糯米泥搓成小块，放进油锅中一炸，油亮金黄的糍粑就做成了。

"绿蚁新醅（pēi）酒，红泥小火炉。晚来天欲雪，能饮一杯无？"小雪节气里，傍晚天色渐渐暗下来的时候，点上小火炉，温着新酿的米酒，忍不住想多饮几杯呢。如果再来一块香喷喷的糍粑，简直就是神仙般的生活了。只是，小雪时节的雪还太秀气，只有薄薄的一层，让人无法尽兴。要想欣赏漫天大雪飞扬、满地碎琼乱玉的壮观景象，我们还需要有点耐心，等待下一个节气——大雪的到来。

◁◀◁◀

扫描二维码
听若虹妈妈说二十四节气

大雪

大雪

鹖旦不鸣

虎始交

荔挺出

在小朋友们的期盼中，大雪节气紧随着小雪的步伐到来了。古书里说："大雪，十一月节。大者，盛也，至此而雪盛矣。"这里的十一月是农历，此时，我国的大部分地区已进入冬季，冷空气开始变得常见，气温也更低了。如果下雪，雪量会比小雪时节大得多。小雪是秀气的，它像一层白纱，轻轻罩（zhào）着大地，连田野的轮廓（kuò）都不曾完全遮住。大雪就不一样了，它纷纷扬扬，铺天盖地，转眼之间，就可以把大地裹个严严实实。"云横秦岭家何在？雪拥蓝关马不前。""欲渡黄河冰塞川，将登太行雪满山。"大雪拥塞蓝关，马儿也不肯前行；太行山遍布白雪，以致无法攀登。这样的诗句，表现的都是大雪独有的气势。

"北风卷地白草折，胡天八月即飞雪。"大雪节气时，北方的小朋友轻易就可以享受一场漫天大雪，玩个尽兴。也许一觉醒来，天地之间就变成了皑（ái）皑一色，就像《雪》这篇文章里写的那样："夜半，北风起，大雪飞。清晨，登楼远望，山林屋宇，一白无际，顿为银世界，真奇观也。"

峻青描写大雪的文字更轻松活泼一些，适合小朋友朗读。

大雪整整下了一夜。今天早晨，天放晴了，太阳出来了。推开门一看，

嗬！好大的雪啊！山川、河流、树木、房屋，全都罩上了一层厚厚的雪，万里江山，变成了粉妆玉砌（qì）的世界。落光了叶子的柳树上挂满了毛茸茸亮晶晶的银条儿；而那些冬夏常青的松树和柏树上，则挂满了蓬松松、沉甸甸的雪球儿。一阵风吹来，树枝轻轻地摇晃，美丽的银条儿和雪球儿籁（sù）籁地落下来，玉屑（xiè）似的雪末儿随风飘扬，映着清晨的阳光，显出一道道五光十色的彩虹。

南方的小朋友亲近大雪的机会比较少，不过没关系，文人们创作了大量有关雪的诗文，我们可以通过诵读，间接感受大雪的景象。你也可以在寒假期间到北方旅游，和大雪来一场真正的亲密接触。

❧ ❧ ❧

大雪一候鹖（hé）旦不鸣。"鹖旦"就是寒号鸟。大雪节气，天寒地冻，寒号鸟不再发出叫声。说起寒号鸟，忍不住想给小朋友们说说《得过且过》的故事。

山西五台山的寒号鸟，每年夏天长出艳丽的羽毛，它洋洋得意，整日唱着歌夸赞自己。每当喜鹊劝它垒（lěi）窝的时候，它就不以为然地唱道："得过且过，得过且过，天气还暖和，何必忙垒窝。"

冬天到了，寒号鸟的羽毛渐渐脱落，夜里，它躲在悬崖的缝隙里，冻得直发抖，凄惨地唱着："哆啰啰，哆啰啰，寒风冻死我，明天就垒窝。"可是太阳一出来，它又懒得垒窝，一天一天拖延下去，最终冻死在冰冷的崖缝里。

其实，寒号鸟并不是鸟，而是一种哺乳动物，学名叫复齿鼯（wú）鼠。它的腋下有用于飞行的皮肤，叫飞膜。飞膜打开时，鼯鼠可以在树林里快速滑行，人们便以为它是会飞的鸟。实际上，鼯鼠没有翅膀，根本飞不起来，只不过能够快速滑行而已。

《荀子》里有个"鼯鼠技穷"的成语，是说鼯鼠有飞翔、爬行、游泳、挖洞和行走五种技能，却无一精通。会飞不能上屋，会爬不能上树，会游不能过涧（jiàn），会挖洞不能掩身，会走不能在人之先，看似本领很多，不过都只是略通皮毛，没一样拿得出手，而人们常常提倡"宁要一样精，不要百事通"。

二候虎始交。这个时节，老虎也想寻找伴侣，建立自己的家庭，繁殖后代了。

老虎威风凛凛，自古以来都是勇武的象征。比如英勇善战的将士被称为"虎将"，夸赞猛将的儿子也会说"虎父无犬子"。古代用来调兵遣（qiǎn）将的兵符上刻着一只老虎，叫"虎符"。虎符是一种凭证，传达军事命令和征调兵将的时候，它是必不可少的。虎符被剖为左右两半，右边

一半留在朝廷，左边的交给统兵的将帅保管，专符专用，一地一符。皇帝需要调动军队，必须派人带上右符前往军营，只有两半虎符相合，验证可信，将士们才会服从命令。如果拿不出另一半虎符，仅凭口说，是不能调遣军队的。

在我国很多地方，小孩子要穿"虎头鞋"。这种鞋是一种传统的手工艺品，鞋面以红色和黄色为主，鞋头和鞋帮上绣着虎头的图案。老虎是百兽之王，据说孩童穿上这种虎头鞋，可以祛病消灾保平安，聪明健康地成长。不知道你小时候穿过没有？我家现在还摆放着好几双呢。

大雪的三候是荔（lì）挺出。荔的根在大雪时节萌动挺立，只等春天一到，新叶就破土而出了。

乍一看"荔"这个字，很多人不知道是什么，以为是一种稀有少见的植物。其实，它的学名叫马蔺（lìn），就是我们说的马兰，也叫马莲。这么一说，你是不是感觉很亲切了？记得小时候，女孩子们总爱玩跳皮筋的游戏，为了渲染气氛，同时配合节奏，大家都会一边跳一边念着《马兰开花二十一》的歌谣："小汽车，嘀嘀嘀，马兰开花二十一，二八二五六，二八二五七，二八九三十一，三八三五六，三八三五七，三八三九四十一……"只要不出错，就可以一直唱下去，一直唱到一百一。

这首儿歌开头的部分，不同的地区会有差异，但后面的内容是完全一样的。不知道你有没有看过《马兰花》这部经典儿童剧，"马兰花，马兰花，风吹雨打都不怕，勤劳的人在说话，请你现在就开花"，剧中的经典童谣已经传唱了几十年。中国儿童艺术剧院成立后，演出的第一部作品就是《马兰花》。

现在，最新版的《马兰花》舞美非常酷炫（xuàn），小朋友有机会一定要欣赏一下。

这些歌谣中所唱的马兰花就是马蔺，也就是"荔"。因为马蔺坚挺有力，古人便把它称为"荔"。"艹"下面三个"力"，很形象地表明了它的坚韧。马蔺与鸢（yuān）尾同科同属，长得也很像，一丛丛、一簇簇的。马蔺没有开花的时候，乍看起来有点像蒲草，不过比蒲草要小一些。窄窄的叶子狭长坚韧，像一根根绿色的带子。"花开类兰蕙（huì），嗅之却无香。"马蔺春天开花，有浅蓝色的、蓝色的，也有蓝紫色的，花形和兰花有些接近。柔美的花朵玉立于茎上，似柔美的裙衫，又如翻飞的蝴蝶。马蔺的须根很长，而且异常坚硬，人们常把它们捆绑成束，当作马刷。

读着读着，南方的小朋友可能会觉得很奇怪："我不但见过马兰，还吃过呢，好像不是这样的呀。"是的，此马兰非彼马兰也。江南的马兰和北方的马兰不同，它是一种野菜，长得非常矮小，俗称马兰头。春天的时候，可以采来凉拌、炒食或烧汤，淡淡的苦味中透着一股清香。这种马兰是菊科植物，它的花也是蓝色的，但和马蔺大不相同，像一朵小小的菊花。

"大雪压青松，青松挺且直。"屹（yì）立在大雪中苍翠的青松，总是显得与众不同。有篇小文章写道："松，大树也。叶状如针。性耐冷，虽至冬日，其色常青。干长而巨，可以造桥，可以造屋。"松树不怕寒冷，它们的叶子像一根根针，冬天也是绿色的。松树的树干高大粗壮，是建屋、造桥的优质木材。"有松百尺大十围，生在涧底寒且卑。"即使生长在恶劣的环境中，松树也一样坚挺高耸，可见松树的坚韧顽强。黄山的四绝之一便是奇松，这里集中了很多有特色的松树，千姿百态。其中的"迎客"、"陪客"和"送客"三大名松，几乎尽人皆知。寒冷的冬天，松树仍然苍翠挺拔，因此，人们将它和竹子、梅

花并称为"岁寒三友"，也是我国古代山水画的重要题材。

小雪节气时我们说过"小雪腌菜，大雪腌肉"的习俗，大雪节气一到，很多人家便开始腌肉。除了腌制鸡鸭鱼肉，香肠也是要灌一些的。虽说腌制的东西吃多了不好，可灌香肠、腌鸡鸭的过程实在是充满了乐趣，腌制品特有的香味，也充满了诱惑。

腌肉可不是用盐把肉一抹那么简单，要想腌得好吃又好看，还是有很多讲究的。先用花椒、八角等作料煮水，放入清洗干净的各类肉食。泡上一两天，肉里的血水慢慢渗出后，把肉捞出来，再把已经变红的作料水煮沸，然后将肉类放进去继续腌泡。如此反复几次，鸡鸭鱼肉被彻底浸透，肉质异常鲜美，血水也完全泡了出来，肉色变得雪白光亮，煞是好看。

大雪时节，日短夜长，天很早就黑了。有句农谚说，"大雪小雪煮饭不息"，就是说，这段时日白天非常短，刚吃完午饭不久，又要忙着做晚饭，三顿饭几乎连着做了。日短则夜长，漫长的夜晚，正适合开展各种手工劳动，妇女们做做针线活，男人们编编箩筐。现在，人们的生活更加丰富多彩，有了更多的选择。不知道你是怎么安排自己的晚间时光的，想不想向晋代的孙康学习，借着大雪的反光，也试试"映雪夜读"？也许你愿意像文学家张岱（dài）那样，在万籁俱寂的夜晚，划一叶小舟，去湖心亭看雪，欣赏"雾凇沆砀（hàng dàng），天与云、与山、与水，上下一白"的美景。

我倒是觉得，最美好的冬夜，应该是一家人围着火炉，读读书，一起做游戏。屋内笑声阵阵，温暖如春，屋外白雪飘飘，寂寥清绝，这才真的如神仙一般呢！

◁◁◁◁
扫描二维码
听若虹妈妈说二十四节气

蚯蚓结
麋角解
水泉动

"十月一，冬至到，家家户户吃水饺。"这里的十月一是指农历的十一月，因为冬至节气在这个月份里，所以，这个月也叫冬月。

　　冬至是一个比较有意思的节气，和夏至有着奇妙的相对关系。和夏至一样，"至"也是极点的意思，但冬至的"至"指的是"阴极之至，阳气始生，日南至，日短之至，日影长之至"，是不是感觉有点绕啊？听我解释一下，你就清楚了。冬至时，阴气达到了极点，阳气开始生发，太阳直射点到达一年的最南端，也就是南回归线。俗话说"冬至夜最长，难得到天光"，这一天，北半球白天最短，夜晚最长，影子的长度也是一年中最长的。过了冬至，太阳的直射点开始北移，白天也就一天比一天长了。"冬至前后，冻破石头"，"冬至过，地皮破"，这些谚语表明，冬至一到，我们就要进入一年中最严寒的时段，也就是平常说的"数九寒天"。

　　夏至节气时，我们说过"夏九九"，相应地，冬天也有"冬九九"。冬至这天入"九"，每九天一个"九"。第一个"九"叫"一九"，以此类推，后面分别是"二九""三九"等等，一共九个"九"。一个一个数下去，直到九九数尽，总共八十一天过去，寒冷才算真正结束。这八十一天就叫"九九"，也叫"数九寒天"，其中的"三九"最为寒冷。民间流传着很多九九歌诀，各地内容不尽相同。我们平时听到最多的是曾经流传于北京的版本："一九二九不出手，三九四九冰上走，五九六九，沿河看柳，七九河开，八九燕来，九九加一九，耕牛遍地走。"

❧ ❧ ❧

这么漫长的冬季如何打发呢？古人非常聪明，发明了"九九消寒图"。这不仅是一种历史悠久的民俗文化，也是一份简单的气象记录。常见的"九九消寒图"有三种样式。

第一种是画梅花，这是比较文雅的样式。古书上说："日冬至，画素梅一枝，为瓣八十有一，日染一瓣，瓣尽而九九出，则春深矣。"具体怎么画呢？画一枝素梅，枝上画九朵梅花，每朵代表一个"九"。每朵梅花画九片花瓣，每瓣代表一天，一共八十一瓣，代表八十一天。冬至开始，每天涂染一瓣，每染完一朵上的九片花瓣，就意味着一个"九"过去了。等到九朵染完，便迎来春回大地。有些细心的小朋友，会用不同的颜色表示不同的天气，比如晴天涂红色，阴天涂灰色，等等。九九结束，便可以总结出整个冬天的天气变化。

第二种更有文化气息，是书写文字。选出九个汉字，每个汉字需有九笔，每个笔画代表一天，每个字代表一个"九"，九个字正好代表九九八十一天。先用双钩空心字体将这九个字写在一张纸上，从"一九"的第一天也就是冬至开始，每天填实一画，填完一个字就过了一个"九"，九个字全部填完，春天便来到了我们身边。人们常用的九个字是"亭前垂柳珍重待春風"，连起来就像一句诗，其中的"待"字，表达出人们数九时对春天的期盼之情。

　　第三种画铜钱最简单明了。先画一个大的九宫格，每格再分成九个小方格，每个格子里画一个圆圈，看起来就像一枚铜钱，一共有八十一个，每天涂一个。填充规则通常是：上涂阴下涂晴，左风右雨雪当中。八十一个铜钱涂好后，便迎来春回大地草青青。

　　北方的冬天如此漫长难熬，人们只能猫在屋里近乎蛰居，南方可就不一样了。我们一起读一读郁达夫《江南的冬景》中的一段，看看和北方有什么不一样。

　　但在江南，可又不同；冬至过后，大江以南的树叶，也不至于脱尽。寒风——西北风——间或吹来，至多也不过冷了一日两日。到得灰云扫尽，落叶满街，晨霜白得像黑女脸上的脂粉似的。清早，太阳一上屋檐，鸟雀便又在吱叫，泥地里便又放出水蒸气来，老翁小孩就又可以上门前的隙地里去坐着曝（pù）背谈天，营屋外的生涯了；这一种江南的冬景，岂不也可爱得很么？

无论北方的严冬，还是南方的暖冬，都是独特的风景，带给我们不一样的生活体验，小朋友们可以好好体会一番。

❧ ❧ ❧

冬至的一候是蚯蚓结。蚯蚓是无脊椎（jǐ zhuī）动物，喜欢阴暗潮湿且安静的环境。传说蚯蚓阴曲阳伸，冬至时，阴气到达极点，蚯蚓就在土中蜷（quán）缩起身体。荀子说它虽然"无爪牙之利，筋骨之强"，却能够"上食埃土，下饮黄泉"，是因为做事时有专一认真的态度，这一点值得我们学习。

二候麋（mí）角解。麋就是麋鹿，是一种珍稀动物。麋鹿的角长得像鹿，尾巴像驴子，蹄子像牛，脖子像骆驼，所以又叫"四不像"。江苏盐城的大丰，有一个麋鹿自然保护区，有时间你可以去看看。

麋和鹿虽然是同一科动物，外形特征和生长习性却不同。鹿体形较大，每到夏至时节，雄鹿头上的角会自行脱落，等到春天再长出新角。麋体形略小，它的角是往后长的，每年冬至时节，麋鹿的角才会脱落。和鹿一样，公麋鹿的角脱落后，也会长出新角。

三候水泉动。冬至后，阳气开始回升，从地底慢慢上涌，山中冰冻的泉水感受到这股阳气，开始了流动。

❧ ❧ ❧

在这数九寒天却又水泉流动的冬至时节，丰盈端庄的山茶开得正艳，一朵朵，一簇簇，"恍如赤霞彩云飘"。山茶是我国传统的观赏花卉，品种繁多，形态优美，叶色翠绿，花色不一，深得人们的喜爱。

山茶花期较长，长达半年之久，深秋时节它已静静盛开，可以一直开到来年五月，难怪陆游赞叹："唯有山茶偏耐久，绿丛又放数枝红。"

郭沫若写过一篇《山茶花》，说他头天晚上从山上回来，把采摘的几枝山茶蓓蕾插在一个铁壶里。"今早刚从熟睡里醒来时，小小的一室中漾着一种清香的不知名的花气。这是从什么地方吹来的呀？——原来铁壶中投插着的山茶，竟开了四朵白色的鲜花！"闻着这样的清香，郭沫若先生不禁感叹："啊，清秋活在我壶里了！"

看着山茶的花骨朵从青绿的小芽儿开始，慢慢绽放，越来越饱满，美丽的花朵开个满树，冬天也不那么萧瑟了。如果我们走近它，仔细端详，就可以和它悄悄对话，明白它的心思。当然，我们也可以带一枝回来，插在瓶里，整个房间都会灵动秀美起来。

民间自古就有"冬至大如年"的说法，人们对冬至非常重视，把它当作一个重要节日。关于冬至，各地都有丰富的习俗，有祭天的，有拜冬的，有给长辈送鞋子的，真是多种多样。

北方地区有冬至吃饺子的习俗，传说这和医圣张仲景有关。张仲景告老还乡的途中，正赶上冬至。当时寒风刺骨，雪花纷飞，很多穷人的耳朵被冻得生了冻疮，他看到后，心生怜悯，就叫弟子搭个棚子，支上大锅，把羊肉等一些祛寒的食材放进锅里，煮熟后捞出来剁碎，用面皮包成耳朵的形状，再下锅煮熟，施舍给人们食用。大家吃了之后，浑身暖和，冻僵的耳朵也就慢慢暖和过来。因为面皮包裹食材的样子像耳朵，张仲景就给它取名为"娇耳"，后来慢慢演变成"饺子"。因此，每到冬至入九的时候，人们便会吃饺子，逐渐形成了固定的习俗。

冬至时，南京人有吃豆腐的习俗。每年冬至一大早，都可以看到很多人排

好吃莫過餃子野
服不如靡着
丁酉初夏帝德寫

队买豆腐。大冷的天儿，一家人围坐一起，你一块，我一块，吃着热腾腾的豆腐，一定会全身暖热，其乐融融。

朱自清先生在《冬天》里描写的父亲为孩子夹豆腐的场景，让人倍感温暖。冬天的晚上，在阴暗的老屋子里，兄弟三人和父亲一起围坐着，小洋锅里的白煮豆腐，直冒着热气。"'洋炉子'太高了，父亲得常常站起来，微微地仰着脸，觑（qū）着眼睛，从氤氲（yīn yūn）的热气里伸进筷子，夹起豆腐，一一地放在我们的酱油碟里。"寒冷的冬夜，洋溢的亲情格外让人暖和，所以朱自清说："无论怎么冷，大风大雪，想到这些，我心上总是温暖的。"

生活中的点滴小事，都会带给我们不一样的幸福。昼短夜长的冬至时节，可以一家人吃份白水煮豆腐，可以烤个山芋，让热气模糊了笑脸，或者，在静夜中读读书，聊聊天，也是极美的事情。这些，都是冬日生活的一种情致。

◁◀◁◀

扫描二维码
听若虹妈妈说二十四节气

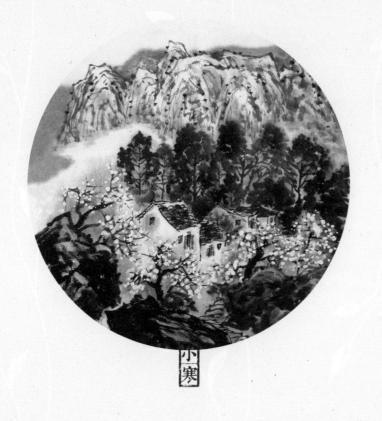

雁北乡
鹊始巢
雉雊

元旦假期一过，小寒节气就到了。古书里是这么说小寒的："小寒，十二月节。月初寒尚小，故云。"意思是小寒节气在农历十二月初到来，此时寒冻还不算太重，所以叫小寒。小寒是一个表示天气冷暖变化的节气，和夏天的小暑相对应。冷气积久而为寒，"寒"字下面的两点表示冰，小寒一到，一年中最寒冷的日子就要开始了，"三九"寒天就在小寒节气里。虽然从字面来看，小寒没有大寒冷，可是气象资料显示，小寒才是气温最低的节气，只有少数年份，大寒的气温比小寒低，因此，人们常说"小寒胜大寒"。华北有"小寒大寒，滴水成冰"的谚语，江南也有"小寒大寒，冷成冰团"的说法，严寒的程度可想而知。

　　在这一年之中最寒冷的时段，我们经常会听到寒潮、大风、降温预报。什么是寒潮呢？气象部门规定的标准是：当冷空气来临后，二十四小时之内气温下降8℃以上，最低气温低于4℃，这样的冷空气便是寒潮。寒潮来时，经常伴有大风，一般会在五级以上，甚至达到七级。侵入我国的寒潮，是从北冰洋和西伯利亚一带来的，那里冬季日照短，有些时候整日不见太阳。天气异常寒冷，空气就会逐渐收缩，因此，高压冷气团越来越强，最后就像洪水决堤一样，向南方冲了过来。

俗话说："冬天动一动，少闹一场病。"严寒的日子里，小朋友们要适当运动，强身健体，可以跑跑步、跳跳绳、踢踢毽子等。聪明的小朋友还可以自己创造一些有趣的活动，让运动变得更有意思。记得我们小时候，一到冬天，男孩子们就会玩"斗鸡"的游戏。把一只脚盘在另一条腿上，单脚蹦跳，相互碰撞。谁盘起来的那条腿先着地，谁就输了。还有一种集体活动叫"挤油"，大家靠墙站好，左右分成两队，和拔河相反，一起使劲往中间挤，努力把对方的人挤出队伍，不一会儿，就挤得浑身热乎乎的了。小朋友们，你们冬天发明了什么好玩的新游戏吗？

"蜡梅花，脸儿黄，身上不穿绿衣裳。大雪当棉袄，风来挺胸膛。别的花儿怕风雪，只有蜡梅放幽香。"作为我国特有的传统观赏花木，蜡梅是属于小寒的花卉。它颜色金黄，又被称作"金梅"或"黄梅花"。因为在腊月里开放，也可以写作"腊梅"。

李时珍在《本草纲目》中说："此物本非梅类，因其与梅同时，香又相近，色似蜜蜡，故得此名。"可见，蜡梅虽然名字中带"梅"字，但和梅花并不是同类。梅花属于蔷薇科，颜色多，花瓣柔软，香味清淡。蜡梅属于蜡梅科，比梅花开得早，花瓣平滑厚实，像涂了一层石蜡，香味也更浓郁。若是在花瓶中插放几枝，香气会弥漫整个房间，令人心旷神怡。

水仙也在腊月里开放，它的叶子宽厚扁平，像一根根绿色的玉带。素洁的花朵清新高雅，给人温馨宁静的感觉。水仙生命力顽强，球状的鳞（lín）茎

　　肥硕健壮，看起来和大蒜头或洋葱长得很像。只需将鳞茎泡养在清水里，白天晒晒太阳，就可以长叶抽花，亭亭玉立于清波之上，宛若凌波仙子踏水而来。

　　如果希望水仙在春节期间盛开，给节日增添一些喜庆气氛，我们便可以通过温度控制，人为地控制水仙的花期。但如果在书桌上随意摆放一盆水仙，它也会在不知不觉中悄悄绽放。这些清香的白色小花每天羞怯（xiū qiè）地望着你，陪你一起读书写字。当你端坐于桌前，凝神看它时，你们便可以静静地感受彼此的存在。

❧ ❧ ❧

小寒的三候也都和动物有关。

一候雁北乡。寒露节气时我们说过，大雁是二十四节气七十二候里出现最多的动物。雨水二候候雁北，白露一候鸿雁来，寒露一候鸿雁来宾。小寒节气里，鸿雁第四次出现了。冬至后，地下的阳气开始上升，到了小寒时节，大雁感受到这股升腾的阳气，便动了向北迁徙（xǐ）的心思，有了飞往北方的趋（qū）向。"雁南飞，雁南飞，雁叫声声心欲碎，不等今日去，已盼春来归。"你看，大雁在秋天南飞之时，就开始盼望着春天的回归了。

二候鹊始巢。喜鹊的适应能力强，它们常出没于人类活动的地方，喜欢把巢安在民宅旁的大树上。喜鹊对住房的要求很高，往往要花上好几个月的时间，使用多种材料，精心搭建一个结实而温暖的窝。小寒的第二个五日，喜鹊感受到来自地下的阳气，便开始忙着筑巢了。

民间传说鹊能报喜，所以人们称它为喜鹊。如果喜鹊来到门前欢叫，便预示着家中将有喜事，主人便会非常开心。作为吉祥的象征，喜鹊也是国画中常见的素材，画家的作品中常常出现"喜上梅（眉）梢"，也就是喜鹊登上梅树枝的场景。

你知道"鹊巢鸠（jiū）占"这个成语吗？表示强占别人东西的意思，也可以说"鸠占鹊巢"。下面这篇小文章，描写的就是鸠占鹊巢的情景："鸠乘鹊出，占居巢中。鹊归，不得入，招其群至，共逐鸠去。"鸠趁喜鹊外出，占用了它的巢。喜鹊归来后回不了家，就喊来一群喜鹊，一起把鸠赶跑了。你有没有和我一样，从文章中感受到喜鹊的自卫反击精神呢？

不同于喜鹊到来意味着喜事，如果谁家门前有乌鸦叫，主人就会很生气，连忙把乌鸦赶走，认为它会带来晦（huì）气。但乌鸦也不只有反面形象，它们反哺（bǔ）的行为便常常被人称道。小乌鸦在妈妈的喂养下长大，等妈妈衰老后，小乌鸦就开始捉虫喂养妈妈，非常孝顺。

有意思的是，喜鹊和乌鸦就像一对冤家，无论正面反面的形象，总被拿来对照。喜鹊的反面形象便是不孝，人们还为此编排了儿歌嘲笑它："花喜鹊，尾巴长，娶了媳妇忘了娘。"

喜鹊因为擅（shàn）长鸣叫，也会被认为巧舌如簧（huáng），不如笨嘴的乌鸦憨厚诚实。有一首歌曲是这样唱的："花喜鹊，叫喳喳，生来一张巧嘴巴。明明是个丑小鸭，它能说成一朵花。光报喜来不报忧，还真有人夸赞它。小乌鸦，叫呱呱，嘴巴不乖说真话，一是一来二是二，叶是叶来花是花，从来不掺（chān）半点假，可也有人讨厌它。"

其实，这都是人们创造的文学形象而已，无论喜鹊还是乌鸦，都只不过是一种普通的鸟类。

小寒的三候是雉雊（gòu）。雉是野鸡，雊是鸣叫的意思。当大雁准备北飞，喜鹊开始筑巢的时候，野鸡也感受到上升的阳气，开始鸣叫求偶了。

小寒里有个腊八节，历来受到人们的重视。所谓腊八就是腊月初八，腊月是农历的十二月，正是辞旧迎新的时候。在古代，这个月常常举行腊祭，腊月因此得名。"腊八"一到，人们就要紧锣密鼓地准备过年了。

　　华北大部分地区有泡腊八蒜的习俗。把蒜剥了皮，放进瓶子里，倒上米醋，密封起来，放在阴凉的地方。慢慢地，泡在醋中的蒜会发绿，等到通体葱翠，如翡翠碧玉一般，腊八蒜就腌制成功了。腌腊八蒜的方法这么简单，你想不想试一试呢?

　　腊八节的标志性食物是腊八粥，这是用红枣、莲子、核桃、桂圆等多种食材熬（áo）成的，热腾腾、香喷喷、甜丝丝、黏糯糯，腊八节的早晨，可一定要吃上一碗！在《腊八粥》这篇文章里，沈从文先生是这样描写煮粥情景的："……合并拢来糊糊涂涂煮成一锅，让它在锅中叹气似的沸腾着，单看它那叹气样儿，闻闻那种香味，就够咽三口以上的唾沫了，何况是，大碗大碗的装着，大匙（chí）大匙朝口里塞灌呢！"就是这样的腊八粥，让八岁的小男孩八儿"喜得快要发疯了"，一直惦（diàn）记着，迫不及待地想吃上一碗。

　　关于腊月初八吃粥习俗的来历，有许多不同的说法，最广为流传的是"纪念佛祖说"。传说释迦（jiā）牟（móu）尼成佛之前，本是一位王子，为了领悟人生的真谛（dì），他遍访印度的名川大山，修行了六载，身体变得十分虚弱。有一天，他走到一处人烟稀少的地方，又累又饿，昏倒在地。一个年轻女孩恰巧路过，就把随身携（xié）带的杂饭用泉水煮成粥，

腊月腊八送健康
八宝谷物粥里藏
丁酉冬 晓秋

喂给他吃。释迦牟尼苏醒过来，很快恢复了元气，便在一棵菩（pú）提树下苦思静修，终于在腊月初八这一天觉悟成佛。后来，佛家把这天定为佛祖成道日，每年"腊八"，寺庙都要举行盛大的法会，有些寺庙还会免费发放腊八粥。

"小孩小孩你别哭，过了腊八就杀猪；小孩小孩你别馋，过了腊八就是年。"这是我儿时的儿歌。当我们喝上一碗热乎乎的腊八粥，新年便不远了，人们就要忙碌起来，准备迎接春节的到来。

◁◀◁◀
扫描二维码
听若虹妈妈说二十四节气

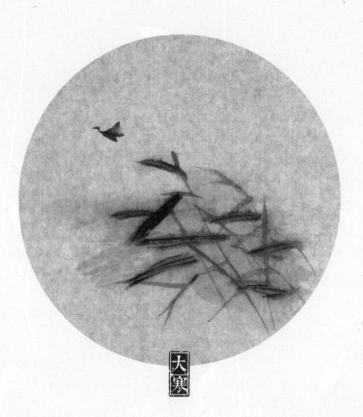

大寒

鸡乳

征鸟厉疾

水泽腹坚

"春雨惊春清谷天，夏满芒夏暑相连。秋处露秋寒霜降，冬雪雪冬小大寒。"从春到夏，从秋到冬，我们一起在光阴的流逝中迎来了二十四节气的最后一个节气——大寒。大寒时节，大风、低温、积雪和冰冻的现象经常出现。如果来自西伯利亚的寒潮接连南下，气温便会持续下降，到处呈现一派冰天雪地、天寒地冻的严寒景象。我国东北地区最低气温可以达到 $-30℃$，甚至更低，真的会滴水成冰呢。如果此时你来到东北，将会看到一个冰雕（diāo）玉琢（zhuó）的世界。

　　冬天里，一切都变得硬邦邦的，远远望去，白花花一片。树枝光秃着，斜斜地伸向天空，如同一幅幅剪影。小麻雀好像并不怕冷，偶尔飞来几只，站立在枝头，或者叽喳跳跃着。有一首名为《小麻雀立在枝头》的小诗，写的就是冬日里树上的麻雀。

　　谁都怕冬天

　　说冬天冷

　　小麻雀却说不

　　在光秃秃的树丫上

　　朗诵小诗

谁都说冬天难看

孤孤单单没有绿意

小麻雀立在枝头

给寂寞的老树

添上一片会飞的叶子

很多小朋友也和小麻雀一样不怕冷，但是，在这寒风刺骨的严冬时节，我们出门还是要注意保暖，多穿点衣服，戴好围巾、帽子和手套，千万不要把小手和耳朵冻伤了。遇到晴天，我们还可以多多晒太阳取暖。搬张小板凳，背对着太阳，晒得暖烘烘、热乎乎的，浑身舒畅。

古时，人们把冬日晒太阳当成一种乐趣，称为"负暄（xuān）"，"负"是背的意思，"暄"指太阳的温暖。把晒太阳说成是背着太阳的温暖，多么形象啊！白居易有一首诗，名字叫《负冬日》，写的便是冬日里"负暄"的快适，前四句是这样的："杲（gǎo）杲冬日出，照我屋南隅（yú）。负暄闭目坐，和气生肌肤。"明亮的太阳出来了，照着屋子南边的角落。白居易就坐在那里，闭着眼睛晒太阳，感觉浑身舒服。负日之暄确实能使人全身通畅，心境平和，小朋友们正是长身体的年纪，更需要多晒晒太阳。

大寒一候鸡乳。大寒节气一到，就可以孵（fū）小鸡了。你知道吗？并不是所有的鸡蛋都能孵出小鸡来，有经验的老人，将鸡蛋对着灯光或太阳看一看，看到里面有阴影的，才会用来孵化。

二候征鸟厉疾。"征"是走远路的意思，"征鸟"指鹰隼（sǔn）之类能飞得很远的鸟，"厉疾"是厉猛、迅速的意思。大寒时节，鹰隼为了补充身体能量，抵御严寒，会在空中快速地盘旋，四处寻找可以捕猎的目标。

三候水泽腹坚。"腹"指中间，大寒的最后五天，河水已完全冰冻，连河

中央都是厚厚的冰层。冻实了的河面，变成一个天然的滑冰场，孩子们可以在上面欢快地玩耍，尽情地溜冰。

大暑节气时我们说过，古人避暑，有一种方法是用冬天存放在冰窖里的冰块降温。这些冰块，便是在大寒时节采集的，放入地窖后，留待来年夏季使用。

有时，我们会看到有人凿（záo）开冰面，跳进冰冷的河水中游泳，这叫"冬泳"。据说冬泳可以促进身体的血液循环和新陈代谢，起到强身健体的作用。比起冬泳来，我更愿意待在暖和和的屋子里，手捧一杯热茶，静静地读一本喜欢的书。

其实，冬日的温暖除了来自外在，更多来自我们的心灵。亲人相守，互相关爱，再严寒的天气，心里也是热乎乎的。我们曾说过朱自清先生在《冬天》里描写的两个场景，一个是冬夜月下和朋友泛舟西湖，另一个是弟兄三人和父亲围坐吃白水煮豆腐。这篇文章中还有一个场景，也写到冬日里亲情的温暖，那就是一家四口在台州过冬。文中写道："我们是外路人，除上学校去之外，常只在家里坐着。妻也惯了那寂寞，只和我们爷儿们守着。外边虽老是冬天，家里却老是春天。有一回我上街去，回来的时候，楼下厨房的大方窗开着，并排地挨着她们母子三个；三张脸都带着天真微笑地向着我。似乎台州空空的，只有我们四人；天地空空的，也只有我们四人。"无论友情还是亲情，都能给人带来无尽的温暖。这温暖，足以使你抵御（yù）严寒，笑对人生。

俗话说："花木管时令，鸟鸣报农时。"大寒时节，虽然草木枯败，万物憔悴（qiáo cuì），一种叫墨兰的兰花，却悄（qiǎo）然开放了。墨兰的绽放预示着这一年的结束，新一年的到来，所以，人们又称它"报岁兰"。

墨兰是兰花的一种。作为梅兰竹菊"四君子"之一的兰花，种类繁多，开花时间也各不相同。我国传统的兰花品种与热带兰花不同，它们大多喜阴，叶

片修长秀美，花色素静，香气清雅，被当作美好事物的象征。比如，佳妙的文章被称为兰章，脱俗的朋友叫兰友，纯洁的友谊为兰谊，如果女子美丽又聪明，人们便说她兰质蕙心。

"六出飞花入户时，坐看青竹变琼枝。"不惧隆冬严寒的，还有青青的竹子。竹子挺拔修长，四季青翠，它不仅是"四君子"之一，又与松和梅并称"岁寒三友"。它外直中空，象征着气节和正直，历来受到文人墨客的喜爱。苏轼就对竹子有着特别的偏爱，曾写下"宁可食无肉，不可居无竹。无肉令人瘦，无竹令人俗"的诗句。

竹子的生命力异常顽强，即使长在悬崖边，也不惧狂风，努力地生长。"咬定青山不放松，立根原在破岩中。千磨万击还坚劲（jìng），任尔东西南北风。"郑燮（xiè）的这首《竹石》诗，赞美的就是竹子的坚韧意志。

❧ ❧ ❧

大寒节气有很多重要的民俗和节庆，最有名的要数闽（mǐn）南地区的"尾牙祭"。"尾"指一年的末尾，"牙"的本义是军中帐前的大旗。大军出征之前，照例要祭拜大旗，祈愿旗开得胜，一路平安。这个典礼之所以被沿用下来，主要是因为商人们对生意兴隆的希冀（jì）。以前的商人在"尾牙"之时，除了供奉神明，也要招待自家的雇工和用人，所以，这也算是一个慰劳日。据说，白斩鸡是席宴上必不可少的一道菜，鸡头朝着谁，就表示老板第二年要解雇谁。所以，善良的老板一般都将鸡头朝着自己，让员工放心地享用佳肴（yáo），回家后踏踏实实过个年。现在，很多企业也举行"尾牙"，大致相当于年会。

大寒是一个严寒的时节，也是一个充满了喜悦与欢乐的节气。这段时间，农事活动非常少，对庄稼人来说，是一段大闲的日子。民间素有"过了大寒，又是一年"的说法，春节就要来到，处处充满浓郁的年味和迎春的气氛，所以，这又是一段大忙的时日。忙什么呢？忙的可多了，从腊月二十三开始，可以说天天有活干，日日有事忙。

腊月二十三，民间称为过小年，这天的主要习俗是祭灶神，"二十三，糖瓜粘"说的就是祭灶活动。在中国民间传说里的各位神仙中，灶神的资格可算是很老的。灶王爷被派往人间后，一直高居灶台之上，记录着每家的言行。到了腊月二十三这天，灶王爷要上天庭向玉皇大帝汇报一年的工作，主要汇报的，是每家的善恶。他的汇报直接影响各家来年的运气，所以，灶王爷的这张嘴可是怠（dài）慢不得的。为了让灶王爷在玉帝面前说点好话，人们便隆重地为他举行一个送行仪式，这就是祭灶。

腊月二十三的黄昏，一家人来到灶房，摆好点心，点上香，开始祭拜灶王爷。有时，人们还给灶王爷甜甜嘴，把灶糖涂在他嘴巴的四周。俗话说，"吃人家的嘴短，拿人家的手软"，灶王爷吃了人家的灶糖，汇报的时候当然不会说不好听的话了。

祭灶过后，到了腊月二十四，人们便正式做迎接新年的准备——开始扫尘了。民谚说："腊月二十四，掸（dǎn）尘扫房子。"扫房子是北方的说法，南方叫掸尘。尽管说法不同，做法却是一样的。屋子的里里外外都要清扫一遍，家中的各类用具都要清洗干净，平时不容易注意到的犄（jī）角旮旯（gā lá），也会被清理得一尘不染。记得小时候，每到这天，我们都争着帮忙，把屋子里的东西全部搬到院子里，然后把屋子打扫干净，每一样物品都擦洗得干干净净。之后，再把东西恢复原位，摆放整齐。

"二十三，糖瓜粘。二十四，扫房子。二十五，磨（mò）豆腐。二十六，去买肉。二十七，宰公鸡。二十八，把面发。二十九，蒸馒头。三十晚上熬一宿，初一初二满街走。"人们忙得不可开交，过年的气氛一天天浓郁起来，小朋友们的寒假也开始了，赶快和大人们一起，投入到这热闹欢快的忙碌中去吧。

大寒时节，万物都在静默中休养生息，劳作了一年的人们，也开始休养。如同动物反刍（chú）一样，大家在静静地品味过去的一年，向往着下一个四季。

　　岁月如歌，我们互相陪伴着，在时光的流逝中共同感受着自然的变化，体味着生活的美好。这隆冬的严寒，就像黎明前的黑暗，冷涩（sè）凝绝之中，却暗藏着一股躁（zào）动的力量。这力量仿佛要挣脱束缚，然后喷薄而出，创造一个万象更新的世界。

　　阳光正悄悄揭开新年的一角，春的气息不知不觉地流淌出来，春去春又回，新一轮的二十四节气又要开始了。小朋友们，你们感觉到了吗?

◁◁◁◁
扫描二维码
听若虹妈妈说二十四节气